BEI GRIN MACHT SICH IHR WISSEN BEZAHLT

- Wir veröffentlichen Ihre Hausarbeit,
  Bachelor- und Masterarbeit

- Ihr eigenes eBook und Buch -
  weltweit in allen wichtigen Shops

- Verdienen Sie an jedem Verkauf

Jetzt bei www.GRIN.com hochladen
und kostenlos publizieren

Der Einsatz von RFID-Technik im Vergleich zum QR-Code in der Logistik fertigender Unternehmen

Arne Fröning

Bibliografische Information der Deutschen Nationalbibliothek:

Die Deutsche Nationalbibliothek verzeichnet diese Publikation in der Deutschen Nationalbibliografie; detaillierte bibliografische Daten sind im Internet über http://dnb.d-nb.de abrufbar.

ISBN: 9783346671462
Dieses Buch ist auch als E-Book erhältlich.

Hochschule Fresenius

Fachbereich onlineplus

Studiengang: Wirtschaftsingenieurwesen Engineering und Automatisierung
(M.Eng.)

Hausarbeit

Automatisierung

**Der Einsatz von RFID-Technik im Vergleich zum QR-Code in der Logistik
fertigender Unternehmen**

Arne Fröning

Modul: Automatisierung 3 – Sensorik, Steuerung und Regelung

Abgabedatum: 21.03.2022

Inhalt

Abbildungsverzeichnis

1 Einleitung

1.1 Hintergrund und Motivation

„Bauteile kommunizieren eigenständig mit der Produktionsanlage. Anlagen veranlassen ihre eigene Reparatur. Menschen, Maschinen und industrielle Prozesse sind intelligent vernetzt" (Bundesministerium für Wirtschaft und Klimaschutz, 2022). So beschreibt das Bundesministerium für Wirtschaft und Klimaschutz die Industrie 4.0 vor. Elementarer Bestandteil dieser Vision ist die Automation von Prozessen. Für diese ist die Maschinenlesbarkeit des Namens oder der Symbolisierung von entscheidender Bedeutung, denn nur diese ermöglicht es, Abläufe und Zustände aus der realen Welt in die Welt der Informationssysteme zu übertragen (Bartneck et al., 2008, S. 14).

Diese Hausarbeit beschäftigt sich mit zwei Kennzeichnungssystemen, die bereits weit verbreitet sind. Die *Radio Frequency Identification* (RFID) erlangte ab dem Jahr 2000 breite Bekanntheit, wenngleich die Technologie dahinter schon deutlich älter ist (ebenda): Radiowellen übertragen Daten kontaktlos von einem Mikrochip auf ein Empfangsgerät. Für die Übertragung ist kein Sichtkontakt notwendig – ein wesentlicher Unterschied zum *Quick-Response-Code* (QR-Code), der als optischer, zweidimensionaler Code stets die unmittelbare Nähe und den Sichtkontakt zum auslesenden Gerät benötigt. Heute kann jedes aktuelle Smartphone oder Tablet problemlos QR-Codes auslesen, weswegen diese Funktion bereits breite Bekanntheit erlangt hat. Beide Technologien dienen zur automatischen Erfassung und Identifizierung von Objekten und werden daher der *automatischen Identifikation* (Auto-ID) zugeordnet.

Diese Arbeit hat zum Ziel, die RFID-Technik und die QR-Code-Technik in den Kontext der automatischen Identifikation einzuordnen, ihre jeweiligen Vor- und Nachteile herauszuarbeiten und ihren Nutzen für die industrielle Anwendung aufzuzeigen.

1.2 Aufbau der Arbeit

Diese Arbeit beginnt mit einer Erläuterung der automatischen Identifikation (Auto-ID) sowie einer Einordnung der beiden Technologien Radio Frequency Identification (RFID) und Quick-Response-Code (QR-Code) in den allgemeinen Kontext der Auto-ID.

Kapitel 3 beschäftigt sich im Anschluss intensiver mit RFID. Es werden die Grundlagen dieser Technologie erläutert und verschiedene Ausprägungen ausführlich dargestellt und anhand von Praxisbeispielen veranschaulicht.

Kapitel 4 beschreibt die QR-Code-Technologie im Vergleich zur RFID-Technologie. Hier werden ebenfalls Praxisbeispiele zur Veranschaulichung verwendet.

Kapitel 5 schließt diese Arbeit mit einer Zusammenfassung ab.

2 Allgemeines

Unter dem Begriff Auto-ID werden unterschiedliche Technologien zur Identifizierung von Objekten zusammengefasst, um sie maschinell – ohne weiteres menschliches Zutun - registrieren zu können (Müller, 2016, S. 11). Die Identifizierung findet anhand von Merkmalen statt, die den Gegenstand auszeichnen oder die mit diesem verknüpft sind (ebenda, S. 27). Vor der Identifikation steht das Kennzeichnen dieser Objekte, welches eine spätere Identifikation ermöglicht. „Kennzeichnung ist also das Unterscheidbarmachen von Objekten, wo hingegen Identifikation das Wiedererkennen von solchen Objekten bedeutet" (ebenda). Desweiteren dienen Auto-ID-Verfahren zur Datenerhebung, Datenerfassung und Datenübertragung (Helmus et al., 2009, S. 199).

Auto-ID-Verfahren finden insbesondere Einsatz an Waren und Objekten in logistischen Prozessen sowie bei Berechtigungsverfahren, wie z.B. an Selbstabholstationen, bei Flügen oder bei Zugangskontrollsystemen (Fend, 2020, S. 10).

Grundsätzlich können Auto-ID-Verfahren wie folgt systematisiert werden:

1) Biometrische Systeme

    Erkennung von nicht gekennzeichneten Personen über Körpereigenschaften, z.B. Fingerabdruck, Handgeometrie, Augeniris, Venenmuster o.ä. oder Verhaltenseigenschaften, z.B. Stimme, Handschrift oder Gangdynamik (Helmus et al., 2009, S. 200).

2) Schrift- oder Symbolbasierte Verfahren

    Diese Verfahren lassen sich aufteilen in

    a) OCR-Systeme (Optical Character Recognition), bei denen mithilfe von Computerprogrammen Texte maschinell mit einer möglichst hohen Genauigkeit erkannt und wiedergegeben werden und

    b) Barcode-Systeme, welche über Schreib- und Lesegeräte generiert und ausgelesen werden können (Bräkling et al., 2020, S. 170)

3) Elektronische Verfahren, wie z.B. Magnet- oder Chipkarten oder RFID (Radio Frequency Identification) – Systeme

Nachfolgend werden die wichtigsten Auto-ID-Verfahren im Überblick dargestellt:

Abbildung 1: Auto-ID-Verfahren im Überblick

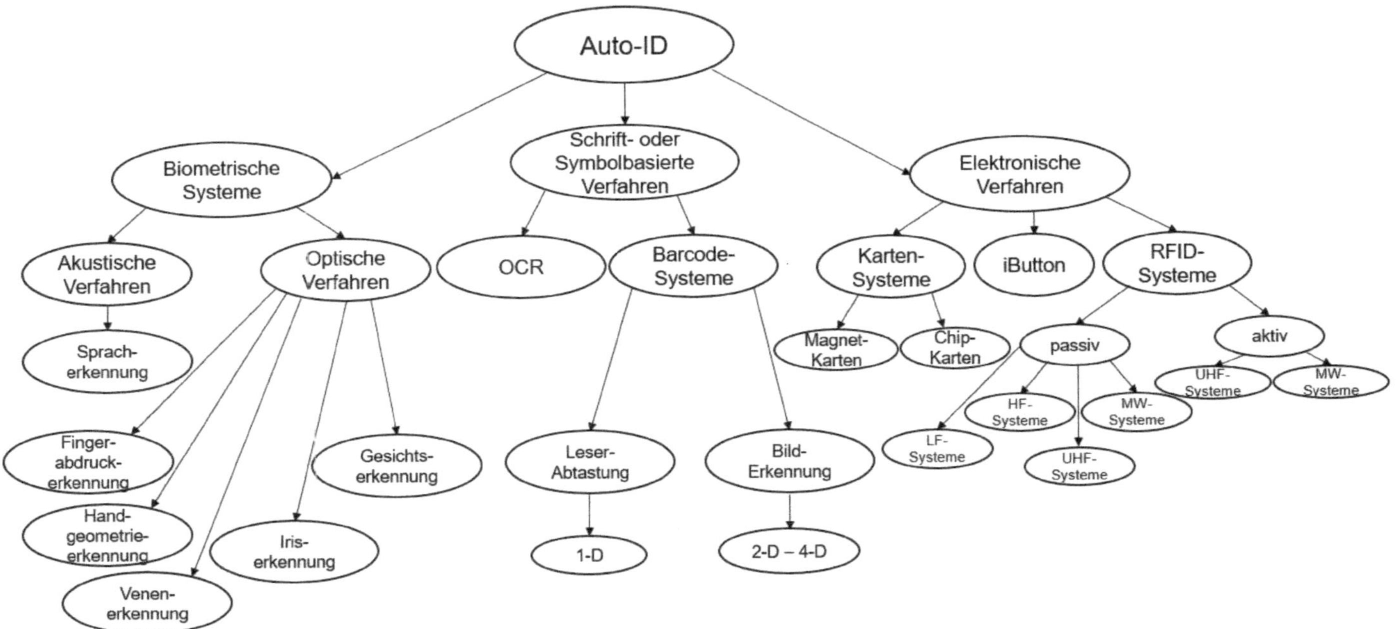

Quelle: Helmus et al., 2009, S. 199

3 RFID

3.1 Allgemeiner Aufbau und Funktionsweise von RFID-Systemen

RFID steht für *Radio Frequency Identification*. RFID-Systeme bestehen aus einem Lese-
bzw. Schreibgerät (Transmitter) sowie einem Transponder (Gloy, 2020, S. 106). Das
Lese- bzw. Schreibgerät ist meist mit einer Applikation verbunden, welche die Daten
weiter verarbeitet (Werner, 2020, S. 365). Die Daten werden bei RFID-Technologie über
hochfrequente Wellen übertragen, diese dienen meist auch zur Energieversorgung des
Transponders, welcher sich am Objekt befindet und mit dem Lese- bzw. Schreibgerät
erfasst werden muss (Schnabel, o.J.).

Der Begriff Transponder leitet sich aus dem Funktionsprinzip des Gerätes ab, da dieses
auf der einen Seite Daten überträgt („transmit") und auf der anderen Seite auf Anfragen
antwortet („respond"). Der Transponder besteht mindestens aus einem Mikrochip, einer
Antenne und einem Gehäuse, bei aufwändigeren Geräten können zusätzlich Sensoren
und / oder externe Speichermedien vorhanden sein. Der Datenaustausch findet über
eine sogenannte „Luftschnittelle" (air interface) statt (Bartneck et al., 2008, S. 31).

Abbildung 2: Bestandteile eines RFID-Systems

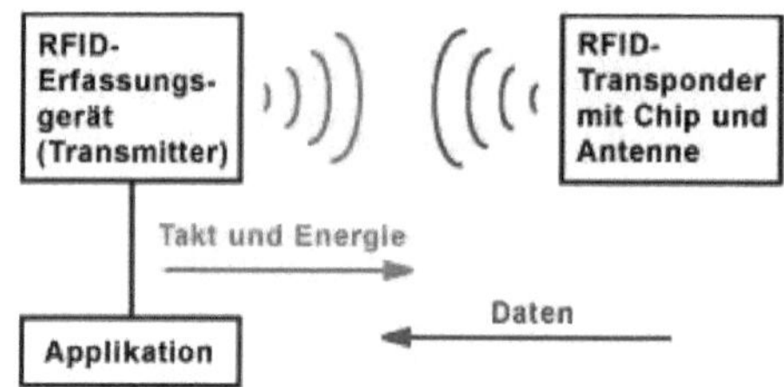

Quelle: Schnabel, o.J.

Man unterscheidet passive und aktive Transponder.

Passive RFID-Transponder benötigen ein Erfassungsgerät, um Daten auszulesen
(Joachim Herz Stiftung, 2022). Im passiven Transponder befindet sich ein LC-Schwing-
kreis, bestehend aus einer Antennenspule und einem Kondensator, wobei L für die In-
duktivität der Spule und C für die Kapazität des Kondensators steht, welcher auf eine
bestimmte Resonanzfrequenz abgeglichen ist (Schnabel, o.J.).

Das Erfassungsgerät erzeugt ein elektromagnetisches Wechselfeld im LF/HF-Bereich –
125 kHz (LF) oder 13,56 MHz (HF). Wird ein passiver Transponder in dieses Wechselfeld gebracht, so wird in dessen Spule eine Spannung induziert. Die Datenübertragung
zum Erfassungsgerät erfolgt durch eine Lastmodulation, indem im Transponder eine
ohmsche Last auf die Antennenspule des Transmitters geschaltet wird – dies führt zu

einem Spannungseinbruch an der Sendespule des Gerätes, der detektiert und ausgewertet werden kann (Bartneck et al., 2008, S. 33).

Sonderformen von passiven Transpondern erlauben auch eine Energiezufuhr über Licht, Schall, Druck, Temperatur oder anderen Mechanismen, es existieren auch Sonderformen, die ohne Energie auskommen, sondern auf anderen physikalischen Effekten beruhen (Bartneck et al., 2008, S. 32). Eine wichtige Eigenschaft dieses LF/HF-Systems ist der kleine Übertragungsbereich, da das Magnetfeld um das Erfassungsgerät mit zunehmender Entfernung stark abnimmt.

Ergänzt werden die passiven LF/HF-Transponder seit dem Jahre 2003 durch passive Transponder, die im UHF-Bereich (300 – 3.000 MHz) arbeiten (Bartneck et al., 2008, S. 34). Während der LF/HF-Transponder hauptsächlich die magnetische Feldkomponente zur induktiven Kopplung verwendet, zeichnen sich passive UHF-Systeme durch eine echte elektromagnetische Kopplung aus – auf diesem Wege können, je nach Sendeleistung, Reichweiten von fünf Metern und mehr erreicht werden (ebenda).

NFC – *Near Field Communication* - findet hauptsächlich im HF-Bereich Verwendung. Die NFC-Übertragung ist auf wenige Zentimeter beschränkt und es entstehen kaum Überreichweiten, was vorteilhaft bei Einzelerfassungen auf kleinem Raum ist. Außerdem ist es durch die induktive Technologie möglich, Transponder auch auf schwierigen Materialien, wie z.B. Metall, zu erfassen (ebenda).

Komplexe Lesesystem- und Softwareumgebungen sind hier nicht notwendig, da die NFC-Technik heute in allen gängigen Smartphones und Tablets bereits integriert ist.

Aktive Transponder verfügen – im Gegensatz zu passiven Transpondern - über eine Batterie als eigene Energiequelle und können eigenständig Daten senden und dabei auch größere Distanzen überwinden. (Joachim Herz Stiftung, 2022).

Semi-aktive Transponder verwenden eine sogenannte Stütz-Batterie, auf die während des Sende-Vorgangs im Falle besonders hoher Reichweiten-Anforderungen zurückgegriffen werden kann. Ist diese Funktionalität nicht notwendig, funktionieren sie wie passive Transponder. Eine weitere Besonderheit der semi-aktiven Transponder besteht in der Möglichkeit, die Batterie während der Zeit des kurzen Datentransfers induktiv aufzuladen und so die Lebensdauer zu erhöhen.

Die Bauformen der Transponder unterscheiden sich je nach Anwendung.

Beispielhaft lassen sich folgende Bauformen anführen:

1. Glaskapsel

Transponder in Glaskapseln waren die ersten miniaturisierten und massenhaft hergestellten Transponder. Sie dienten hauptsächlich zur Identifikation von Tieren und waren der Impuls für die weitere Entwicklung in diesem Bereich (Kern, 2007, S. 69).

Abbildung 3: Glaskapsel-Transponder

Quelle: I-KEYS · RFID-Technik, o.J.

Einsatz finden Glaskapseltransponder unter anderem in der Tieridentifikation, in der Biomedizin und in der chemischen Industrie.

2. RFID-Etiketten

Transponder in Etikettenform sind mit entsprechenden Druckern individuell bedruckbar und werden wie Papieretiketten auf Gegenstände geklebt. Eine besondere Bedeutung hat diese Bauform z.B. beim Übergang von der Barcode- zur RFID-Technologie, da sie bei Bedarf mit beiden Geräten gelesen werden kann (Kern, 2007, S. 71). Das Etikett kann auch als Anhänger ausgeführt sein (ebenda, S. 69).

Abbildung 4: RFID-Etiketten

Quelle: smart-TEC GmbH & Co. KG, o.J.

Etiketten finden ihren Einsatz unter anderem in der Logistik, im Bereich der Diebstahlsicherung und in der pharmazeutischen Industrie.

3. Karte

RFID-Chipkarten finden ihren Einsatz als Eintrittskarten, im öffentlichen Personennahverkehr und in der Zutrittskontrolle.

Abbildung 5: RFID-Chipkarte

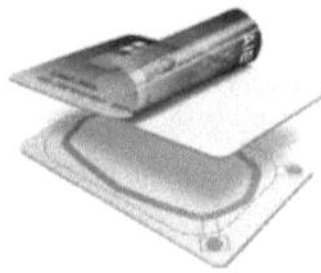

Quelle: YouCard Kartensysteme GmbH, o.J.

4. Kunststoffumhüllungen

Die Integration des Transponders in Kunststoffumhüllungen lässt grundsätzlich jede erdenkliche Formgebung zu. Somit sind auch den spezifischen Einsätzen keine Grenzen gesetzt, da sich grundsätzlich jedes duroplastische oder thermoplastische Material verwenden lässt (Frettlöh et al., o.J., S. 10).

Abbildung 6: RFID-Transponder mit Kunststoffumhüllung

Quelle: RS Components GmbH, o.J.

5. Sondergehäuse

Besondere Anwendungen können z.B. RFID-Transponder in Uhren oder in Schrauben sein.

Abbildung 7: RFID-Schraube

Quelle: ASBD, o.J.

Das RFID-Erfassungsgerät ist meist in der Lage, neben Lese- auch Schreibvorgänge durchzuführen. Dabei übernimmt meist ein Mikrocontroller die Steuerung des Gerätes, analoge Bestandteile wie der Sender und der Empfänger bestimmen weitgehend die Robustheit und Störunanfälligkeit (Bartneck et al., 2008, S. 28).

Da die Kommunikation die Hauptaufgabe von RFID-Systemen ist, kommen den Schnittstellen ebenfalls eine besondere Bedeutung zu. Über serielle Schnittstellen werden die Systeme an PCs oder Steuerungen angeschlossen, Ethernet-Schnittstellen binden sie reibungslos in IT-Systeme ein (ebenda). Digitale Eingänge können als Trigger für Lesevorgänge dienen, zum Beispiel bei Näherungssensoren oder Lichtschranken und digitale Ausgänge können verwendet werden, um Öffner bei Zugangskontrollsystemen zu betätigen oder erfolgreiche Lesevorgänge zu signalisieren (ebenda).

Die mobilste Form der RFID-Erfassungsgeräte sind Handlesegeräte, die – unabhängig von ihrer Bezeichnung - meist auch Schreibvorgänge durchführen können. Diese benötigen aufgrund der Mobilität einen Akku, darüber hinaus ein Lesermodul, eine Antenne und einen Computer (Kern, 2007, S. 86).

Sogenannte Tunnelleser enthalten ein Förderband, welches die Gegenstände durch ihr Gehäuse hindurchführt (Kern, 2007, S. 87). Tunnelleser können zum Beispiel in Verteilzentren eingesetzt werden (ebenda).

Gate-Reader kombinieren mehrere Einzelantennen, um möglichst viele RFID-Transponder in kurzer Zeit erfassen zu können (ebenda, S. 88). Während HF-Systeme bezüglich der Reichweite und Leistung hier an ihre Grenzen kommen, haben UHF-Systeme hier durchaus noch ausbaufähige Reserven, weswegen sie in diesen Bereichen bevorzugt werden (ebenda). Gate-Reader sind häufig bei logistischen Einsätzen zu finden, wobei hier zu differenzieren ist, ob die Umverpackungen oder Einzelteile identifiziert werden sollen: während bei der Identifikation von Umverpackungen, wie z.B. Paletten und Behältern, UHF-Systeme eignen, so tritt bei der Identifikation von Einzelteilen wieder die HF-Technik in der Vordergrund (ebenda, S. 89).

Regalleser überprüfen in regelmäßigen Abständen, ob sich ein Objekt in seinem Empfangsbereich befindet. Regalleser können logistische Zwecke, z.B. in der Warenversorgung sicherstellen, haben allerdings eine eher noch eingeschränkte Verbreitung (ebenda, S. 92).

RFID-Drucker dienen zur Bedruckung von RFID-Etiketten. Sie lassen sich in vier Kategorien unterteilen:

1) Thermo-Transfer: hier erfolgt der Druckvorgang durch eine Wärmeeinwirkung des Druckkopfes auf die wärmeempfindliche Papieroberfläche, dieses Verfahren wird z.B. für den Quittungsdruck verwendet (ebenda).

2) Thermo-Direkt: hier erfolgt der Druckvorgang durch eine Wärmeeinwirkung des Druckkopfes auf eine Folie, welche auf die Papieroberfläche gepresst wird, dieses Verfahren ist dauerhafter als das Thermo-Transfer-Verfahren und es kann auch farbig gedruckt werden (ebenda, S. 93).

3) Inkjet: hierbei handelt es sich um ein berührungsloses Verfahren, bei dem ein Tintenstrahl auf das Papier gelenkt wird (ebenda).

4) Thermo-Sublimation und Bubble Jet: hierbei handelt es sich ebenfalls um ein berührungsloses Verfahren, bei dem Farben auf glatte Kunststoff- oder Papieroberflächen aufgebracht werden können. Das Verfahren findet z.B. für die Kartenpersonalisierung Verwendung (ebenda).

3.2 beispielhafte Anwendungen von RFID-Systemen

Grundsätzlich sollen RFID-Systeme eine bestehende Informationslücke zwischen der Objekteben und der Informationsebene schließen. Dem Frequenzbereich kommt in diesem Zusammenhang eine Schlüsselrolle zu, denn es gibt keine ideale Frequenz, die alle Vorteile in sich vereinigt, vielmehr haben sich bestimmte Frequenzbereiche für bestimmte Anwendungen als besonders geeignet erwiesen (Kern, 2007, S. 41).

So nimmt mit zunehmender Frequenz die Durchdringung von Wasser deutlich ab, was zur Folge hat, dass UHF-Transponder für alle Gegenstände, die Wasser enthalten, genauso ungeeignet sind, wie für Karten, die der Mensch (dessen Körper zum Großteil aus Wasser besteht) mit sich trägt oder für Warensicherungssysteme (ebenda, S. 42). Hier bietet die HF- oder LF-Frequenz deutlich bessere Ergebnisse. Generell ist festzuhalten, dass die Reichweite und die Datenübertragungsrate mit zunehmender Frequenz zunehmen. Die Reichweite beträgt bei LF-Transpondern bis zu 35 cm, bei HF-Transpondern bis zu 50 cm und bei UHF-Transpondern bis zu 2.000 cm, bei höheren Sendeleistungen von 2 Watt sogar 5.000 cm und mehr (ebenda, S. 43; Bartneck et al., 2008, S. 34).

Es können *offene* oder *geschlossene* RFID-Systeme zum Einsatz kommen. In offenen Systemen werden die Transponder nur einmal genutzt, die Anwendung dient vorwiegend zu Kontrollzwecken (Kern, 2007, S. 96). In geschlossenen Systemen werden Transponder wieder verwendet (ebenda).

Nachfolgend werden zwei logistische Anwendungen bespielhaft erläutert:

1) Produktionslogistik

    Hauptanforderung produzierender Unternehmen an ihre innerbetriebliche Logistik ist es, alle Produktionsmaterialien schnell, schlank und fehlerfrei durch die Produktionsprozesse zu schleusen und dabei die Produktionskapazitäten kostenoptimal auszulasten (Bräkling et al., 2020, S. 188). Heute ist die Produktionslogistik oft noch gekennzeichnet durch manuelle Abläufe, z.B. händische Eingaben und Informationssysteme mit zentraler Datenhaltung (Bartneck et al., 2008, S. 140). So wird die angelieferte Ware im Wareneingang oftmals manuell erfasst und an einen Lagerort oder in die Produktion transportiert. Dort wird die Bearbeitung manuell gestartet und die Ergebnisse werden von Hand notiert. Die Folge sind arbeits- und zeitintensive Abläufe mit einer vergleichsweise hohen Fehlerrate und entsprechenden Fehlerfolgekosten (ebenda).

    RFID-Technik kann hier als Grundlage der automatisierten Logistik und Materialflusssteuerung für eine deutliche Effizienzsteigerung sorgen (Bender / Göhlich, 2020, S. 486).

Als Beispiel sei ein mittels RFID-Technologie umsetzbares, vollautomatisches e-KANBAN-System genannt. Dieses System nutzt selbststeuernde Materialregelkreise zur Disposition – produziert wird nur, was der Kunde bestellt (Bräkling et al., 2020, S. 120). Die Behälter bzw. die entsprechenden Kanban-Karten werden mit RFID-Transpondern versehen. Wird ein Behälter leer, wird seine Karte in eine Überwachungstafel mit integrierter RFID-Antenne gesteckt, die Daten werden dort automatisch ausgelesen und an die Produktionssteuerung weitergeleitet, was zu einer automatischen und Bediener-unabhängigen Nachschubsteuerung führt (Bartneck et al., 2008, S. 140). Gelingt eine erfolgreiche eKANBAN-Integration, führt das zu schlanken und stabilen Abläufen in der Produktion, für die allerdings eine automatisierte Identifikation ein grundlegender Bestandteil ist.

2) Container-Management

In vielen Geschäftsbeziehungen werden für den Materialfluss wiederverwendbare Transporteinheiten – sogenannte *Returnable Transport Items* (RTI) genutzt. In diesen Fällen bilden die Transporteinheiten zusammen mit der Ware und den dazugehörigen Informationen einen schlüssige Einheit (Bartneck et al., 2008, S. 149). Um ein Container-Management-System zu realisieren, muss sichergestellt werden, dass jeder Container im Gesamtsystem nur einmal existiert, damit er eindeutig identifizierbar ist. Die beiden nachfolgend beschriebenen Lösungen setzen diese eindeutige Kennzeichnung in die Praxis um (ebenda, S. 154 f.):

a) CIN (Company Identification Number)

Verschiedene Vergabestellen (sog. Issuing Agencies) vergeben Nummern – sog. Issuing Agency Codes (IAC) - für Unternehmen, die nur durch diese Unternehmen verwendet werden dürfen. An diese Nummer fügt sich eine Seriennummer (Serial Reference) für jeden Container an, der eine eindeutige innerbetriebliche Identifizierung ermöglicht

b) Global Returnable Asset Identifier (GRAI)

Auch hier existieren eine Firmenkennung (Company Prefix) und eine Seriennummer (Serial Number). Zwischen diesen beiden Codes kann aber noch ergänzend ein Code für die Art der Transporteinheit (Asset Type) gesetzt werden. Auf diesem Wege können Materialflüsse abhängig vom Verpackungstyp gesteuert werden.

Nun können auf Basis dieser eindeutigen Identifikationsschlüssel mithilfe von RFID-Transpondern an den Containern Aktionen und Informationen – z.B. Eigenschaften, Inhalte und Bewegungen - an die angebundenen IT-Strukturen gemeldet werden. So kann zu jeder Zeit der genaue Standort eines bestimmten Containers abgerufen werden.

Darüber hinaus lassen sich die Zieladresse und weitere umlaufspezifische Daten sowie genauere Informationen zum Inhalt – z.B. Produktionschargen oder Haltbarkeitsdaten – hinterlegen (Bartneck et al., 2008, S. 157 f.).

Die Vorteile der Nutzung einer RFID-gestützten Informationsbereitstellung liegen auf der Hand:

1) Automatische Erfassung und Identifikation:

   Mit RFID-Technik lassen sich Objekte automatisch erfassen – einzeln oder in größerer Anzahl als Pulkerfassung. Dabei ist weder menschliche Interaktion noch Sichtkontakt notwendig.

2) Datenspeicherung am Objekt:

   Benötigte Daten zu einem Objekt lassen sich direkt am Objekt speichern und auch wieder auslesen. Ebenfalls können sie jederzeit direkt am Objekt aktualisiert werden, was die Qualität der hinterlegten Informationen erheblich steigert.

3) Effizienzsteigerungen durch Automatisierungspotenzial:

   RFID-Technik bietet allgemein ein hohes Automatisierungspotenzial, z.B. durch direkte Kommunikation mit Produktionssteuerungssystemen (ebenda, S. 112). Die notwendigen Informationen stehen allen Beteiligten zum Zeitpunkt ihres Entstehens ohne manuelle Datenaufbereitung oder Datenauswertungen zur Verfügung, die Fehlerquote wird gesenkt und Standardprozesse können automatisiert werden (ebenda, S. 178).

4) Widerstandsfähigkeit der Transponder

   Die im Zuge der RFID-Technik zum Einsatz kommenden Transponder sind sehr widerstandfähig gegen äußere Umwelteinflüsse. Die Möglichkeit unterschiedlichster Verkapselungen lässt ein sehr breites Anwendungsspektrum zu, äußerliche Verschmutzungen beeinträchtigen nicht die Funktion.

4 QR-Code

4.1 Allgemeiner Aufbau und Funktionsweise von QR-Codes

Der QR-Code („Quick Response-Code") gehört zu den zweidimensionalen Strichcodes (2D-Codes) und wurde in der Norm ISO/IEC 18004:2006 standardisiert. Er fügte dem eindimensionalen, klassischen Barcode eine zweite Dimension hinzu, sodass sich bis zu 7.089 Ziffern oder 4.296 Zeichen in ihm speichern lassen.

Die nachfolgende Abbildung beschreibt den Aufbau eines QR-Codes:

Quelle: WDF Welt der Fertigung Verlag GmbH & Co. KG, o.J.

1) Version: diese Markierungen spezifizieren, welche der mittlerweile über 40 existierenden QR-Code-Versionen verwendet wird (Egoditor GmbH, o.J.).

2) Datenformat: die Formatfelder enthalten Informationen über die Fehlertoleranz und die Datenmaske des Codes und erleichtern das Scannen (ebenda).

3) Position: die drei Positionsmarkierungen zeigen dem Auslesegerät an, dass ein QR-Code in einem Bild vorhanden ist und in welcher Richtung der Code gedruckt ist (ebenda).

4) Ausrichtung: Ausrichtungsmarkierungen helfen bei der Verarbeitung von QR-Codes auf unebenen Flächen (ebenda).

5) Synchronisation: die Synchronisationslinien bestehen aus einer Folge abwechselnder schwarzer und weißer Elemente, über die sich das Datenraster definiert, zum Beispiel können die Auslesegeräte mit Hilfe dieser Linien bestimmen, wie groß die Datenmatrix ist (ebenda).

Zusätzlich wird der QR-Code von einer weißen Randzone begrenzt, um den Code von seiner Umgebung zu unterscheiden (ebenda).

Der im QR-Code unterzubringende Text wird in eine Bitfolge zerlegt und zusammen mit einer Fehlerkorrektur-Bitfolge im sogenannten Datenfeld, welches Nutz- und Fehlerkorrektur-Daten enthält, untergebracht.

Quelle: Egoditor GmbH, o.J.

4.2 beispielhafte Anwendungen von QR-Codes

Grundsätzlich verfolgen QR-Codes das gleiche Ziel wie RFID-Systeme:
eine bestehende Informationslücke zwischen der Objektebene und der Informationsebene schließen. Dabei besteht der größte Unterschied in der Notwendigkeit eines bestehenden Sichtkontaktes vom Auslesegerät zum QR-Code, während die RFID-Technologie auch ohne Sichtkontakt auskommt. Der QR-Code wird meist auf Etiketten aufgedruckt. Dies liegt in der Notwendigkeit begründet, dass die Leseeinheiten einen hohen Kontrast zum Grundmaterial benötigen (EVO TECH GmbH, o.J.). Es sind allerdings grundsätzlich auch Kennzeichnungen direkt auf metallischen Oberflächen oder Kunststoffen möglich, z.B. durch Gravuren (ebenda).

Als ein Vorteil des QR-Codes im Vergleich zur RFID-Technologie ist sicherlich anzuführen, dass die benötigte IT-Infrastruktur bei der Nutzung von QR-Codes deutlich geringer und vermutlich auch kostengünstiger ausfällt, da die QR-Code-Technik bereits eine deutlich breitere Verwendung findet und in vielen aktuellen Geräten – z.B. Smartphones oder Tablets – bereits vorinstalliert ist.

Nachfolgend werden zwei Anwendungen beispielhaft beschrieben:

1) Prozessindustrie

   In der Prozessindustrie werden die Produkte in Behältnissen zwischengelagert und von Prozessschritt zu Prozessschritt transportiert. Gefertigt wird entweder kontinuierlich oder diskontinuierlich in sog. *Batches*. Mithilfe von QR-Codes, welche auf den Behältern angebracht werden, ist eine schnelle und sichere temporäre Zuordnung des Produktes zum Behälter möglich (Bartneck et al., 2008, S. 166 f.). Ergebnisse aus Proben und Tests an den einzelnen Stationen lassen sich automatisiert zuordnen, ein komplexes Datenaufkommen durch Mischen von einzelnen Chargen und der Weiterverarbeitung von Teilmengen kann zu jeder Zeit sichergestellt werden (ebenda).

2) Tracking and Tracing

   In der Logistikbranche ist es bereits heute Stand der Technik, eine digitale Sendungsverfolgung anzubieten. Die Technik der QR-Codes ergänzt hier die seit Jahrzehnten bewährte Barcode-Lösung. Vorteile von QR-Codes sind insbesondere die größere Datenmenge, die gespeichert werden kann sowie die hohe Verbreitung von lesefähigen Endgeräten – nahezu jedes moderne Smartphone hat einen QR-Code Reader und ermöglicht so den Endverbrauchern eine extrem niedrigschwellige Nutzung.

5 Zusammenfassung

Auto-ID-Technologien sind für die Industrie 4.0 von elementarer Bedeutung. Objekte maschinell zu identifizieren ist eine Grundvoraussetzung der Prozessautomation.

In dieser Arbeit wurden die RFID- und die QR-Code-Technologie als Auto-ID-Verfahren vorgestellt und beschrieben. Es wurde dabei deutlich, dass sich die potenziellen Anwendungsgebiete durchaus überschneiden, denn grundsätzlich eignen sich beide Technologien als Auto-ID-Verfahren für produzierende Unternehmen.

Als typische Anwendungsszenarien wurden beispielhaft Anwendungen aus der Produktionslogistik, der Produktionssteuerung sowie dem Asset-Management beschrieben, wobei die Entscheidung für oder gegen eine der beiden Technologien nicht nur von der spezifischen Anwendung vorgegeben wird, sondern ebenfalls durch die bereits bestehende IT-Infrastruktur.

Die RFID-Technik besitzt klare Vorteile in der Lese- und Schreibfunktionalität, der Widerstandsfähigkeit des Transponders und des Rationalisierungspotenzials. Als nachteilig können die meist hohen Kosten für die notwendige RFID-Infrastruktur, die – bei einem unternehmensübergreifenden Einsatz – zusätzlich standardisiert werden muss. Hier ist insbesondere darauf zu achten, dass der tatsächlich erzielte Nutzen nicht geringer ausfällt, als die investierten Kosten. So ist der Einsatz von RFID-Technik oftmals nur effizienzsteigernd, wenn diese in bereits bestehende IT-Systeme des Unternehmens integriert wird. Der Middleware, die als Bindeglied zwischen bestehender Infrastruktur und RFID-Technik fungiert, kommt hier eine Schlüsselrolle zu. An dieser Stelle spielt die QR-Code-Technologie ihre Vorteile aus: viele mobile Betriebssysteme können heute bereits standardmäßig QR-Codes lesen, gedruckt werden können diese ebenfalls oftmals durch handelsübliche Applikationen, wie z.B. Textverarbeitungsprogramme.

Neben der physischen Systemintegration darf die organisatorische Systemintegration nicht vernachlässigt werden. Eine Partizipation von Mitarbeitern, Führungskräften und Mitarbeitervertretungen in Form von Schulungen, Workshops und Projektgruppen ist in jedem Fall zu empfehlen.

Diese Arbeit kann keinesfalls dem Anspruch gerecht werden, eine umfassende, abschließende Beschreibung der beiden Auto-ID-Technologien vorzunehmen. Dies wäre nicht nur aufgrund des begrenzten Umfangs nicht möglich, sondern auch die rasant fortschreitende Entwicklung auf diesem Gebiet würde ein solches Vorhaben ambitioniert wirken lassen. Vielmehr soll die Arbeit dazu dienen, einen ersten Überblick über beide Technologien zu liefern und anhand einiger Praxisbeispiele den konkreten Nutzen dieser zu veranschaulichen.

Literaturverzeichnis

ASBD GmbH (o.J.): RFID Schrauben.
https://rfid-produkte.eu/product/rfid-schraube/, abgerufen am 11.03.2022.

Bartneck, N. / Klaas, V. / Schönherr, H. (2008): Prozesse optimieren mit RFID und Auto-ID.
Erlangen: Publicis Corporate Publishing.

Bender, B. / Göhlich, D. (2020): Dubbel Taschenbuch für den Maschinenbau 3.
Berlin: Springer Vieweg

Bräkling, E. / Lux, J. / Oidtmann, K. (2020): Logistikmanagement.
Wiesbaden: Springer Fachmedien GmbH.

Bundesministerium für Wirtschaft und Klimaschutz (2022): Digitale Transformation in der Industrie.
https://www.bmwi.de/Redaktion/DE/Dossier/industrie-40.html, abgerufen am 14.03.2022.

Egoditor GmbH (o.J.): Die Grundlagen des QR Codes: Ein Leitfaden für Einsteiger.
https://www.qrcode-generator.de/qr-code-marketing/qr-codes-basics/, abgerufen am 12.03.2022.

Fend, L. / Hofmann, J. (2020): Digitalisierung in Industrie-, Handels- und Dienstleistungsunternehmen.
Wiesbaden: Springer Fachmedien GmbH.

Frettlöh, V. / Beck, C. / Figge, T. (o.J.): Entwicklung und Erprobung einer neuartigen Produktionstechnik zur vollautomatisierten Integration von RFID-Technik in thermoplastische und duroplastische Bauteile.
https://kunststoff-institut-luedenscheid.de/kimw/f-gmbh/wp-content/uploads/2016/08/19_-Frettloeh_RFID_VDI-Berichte.pdf, abgerufen am 11.03.2022.

Gloy, Y.-S. (2020): Industrie 4.0 in der Textilproduktion.
Berlin: Springer-Verlag Deutschland.

Helmus, M. / Meins-Becker, A. / Laußat, L. / Kelm, A. (2009): RFID in der Baulogistik.
Wiesbaden: Vieweg + Teubner | GWV Fachverlage GmbH.

I-KEYS · RFID-Technik (o.J.): Der kleinste Transponder.
https://www.i-keys.de/de/transponder/125-khz/em4102-uni/e675-1.58-uni.html, abgerufen am 11.03.2022.

Joachim Herz Stiftung (2022): RFID-Transponder.
https://www.leifiphysik.de/elektrizitaetslehre/elektromagnetische-induktion/ausblick/rfid-transponder#:~:text=Funktionsprinzip%20von%20passiven%20RFID%2DTransponder,dort%20in%20einem%20Kondensator%20gespeichert., abgerufen am 06.03.2022.

Kern, C. (2007): Anwendung von RFID-Systemen.
Berlin / Heidelberg: Springer-Verlag.

Müller, J. (2016): Auto-ID-Verfahren im Kontext allgegenwärtiger Datenverarbeitung.
Wiesbaden: Springer Fachmedien GmbH.

RS Components GmbH (o.J.): Siemens Transponder 2000 B, 8 mm, IP67, Ø 10 x 4,5 mm.
https://de.rs-online.com/web/p/rfids/1963698?cm_mmc=DE-PLA-DS3A-_-google-_-PLA_DE_DE_Automation-_-(DE:Whoop!)+RFIDs-_-1963698&matchtype=&pla-754237971812&gclid=CjwKCAiAg6yRBhBNEiwAeVyL0Ey5B9OCb4F2S3YCKIPD1-aQRew8pxaeg5CttyPu3N22BADmsDwurhoCed4QAvD_BwE&gclsrc=aw.ds, abgerufen am 11.03.2022.

Schnabel, P. (o.J.): RFID - Radio Frequency Identification.
https://www.elektronik-kompendium.de/sites/kom/0902021.htm, abgerufen am 06.03.2022.

smart-TEC GmbH & Co. KG (o.J.): RFID-/NFC-Etiketten.
https://www.smart-tec.com/de/produkte/rfid-nfc-etiketten, abgerufen am 11.03.2022.

WDF Welt der Fertigung Verlag GmbH & Co. KG (o.J.): QR-Code auf bequeme Art erstellt.
https://www.weltderfertigung.de/suchen/goodies/automation/qr-code-auf-bequeme-art-erstellt.php, abgerufen am 12.03.2022.

Werner, H. (2020): Supply Chain Management.
Wiesbaden: Springer Fachmedien GmbH.

YouCard Kartensysteme GmbH (o.J.): RFID KARTEN.
https://www.youcard.de/produkte/plastikkarten/rfid-chipkarten/, abgerufen am 11.03.2022.